Études Scientifiques & Industrielles

L'INDUSTRIE AÉRONAUTIQUE

FRANÇAISE

Les Ateliers Vosgiens
de la
Société Aéronautique
DE L'EST

N° 4 ——————— JUILLET 1909 ——————— PRIX : 1 FR.

LES GRANDS CONSTRUCTEURS
FRANÇAIS

La Traversée de la Manche

Louis BLÉRIOT

I

Existe-t-il une Industrie de l'Aviation ?

En apprenant les exploits presque quotidiens de nos aviateurs, le public se demande journellement où et comment sont construits les aéroplanes, et la plupart du temps s'imagine Blériot, Farman, Delagrange, Voisin, Latham, installés à l'instar de Wright, dans un petit hangar, aux confins d'un champ sans arbres, travaillant avec l'aide de quelques menuisiers et mécaniciens à la construction de leur machine volante.

Et ceux-là sont très rares qui songent à de vastes établissements industriels où les aéroplanes seraient construits par séries plus ou moins nombreuses comme, par exemple, les automobiles.

Nous pouvons même affirmer que des gens fort instruits nous ont souvent manifesté leur incrédulité lorsque nous leur avons affirmé qu'il existait des ateliers de construction d'aéroplanes, comme il existe des ateliers de construction d'automobiles.

On s'imagine difficilement, en effet, que l'aviation puisse être autre chose qu'une science ou un sport, et les moins retardataires se refusent fréquemment à voir dans la locomotion nouvelle les éléments d'une industrie réelle.

Et cependant, non seulement il existe une industrie générale de l'aéronautique capable de produire des chefs-d'œuvre tels que *Le République*, *Le Bayard-Clément*, *La Ville-de-Nancy*, *Le Colonel-Renard*, mais il existe en outre *une industrie spéciale de l'aviation* qui, presque chaque jour, met actuellement en circulation des appareils volants vendus par des intermédiaires spéciaux comme le sont les automobiles par les agents des grandes maisons.

Évidemment, ceux-ci ne vendent pas encore un aéroplane comme l'on vend une voiture, mais les principaux grands ateliers d'aviation reçoivent actuellement plusieurs commandes par mois, certains même par semaine.

Il y a un an, on pouvait compter facilement les machines volantes ; c'est tout au plus si, dans toute l'étendue du sol français, on en trouvait une douzaine en état d'essayer de voler ; aujourd'hui, il n'y a presque pas de villes qui n'aient leur aéroplane.

La grande semaine de Reims va réunir sur un même terrain une vingtaine d'appareils et nombre de villes françaises ont déjà pu assister à de véritables concours où plusieurs aviateurs se disputaient les prix fondés par elles ou par de généreux mécènes.

Partout, on crée des aérodromes. Près de Paris, c'est « Port-Aviation », où presque tous les dimanches le public se porte en masse ; à Douai, à Bordeaux, en Provence, à Vichy, et dans vingt autres villes les expériences d'aéroplanes passent au premier rang des distractions.

Ce ne sont là, dira-t-on, que des manifestations sportives, c'est vrai ; mais que l'on se souvienne des débuts de la bicyclette et de l'automobile et l'on conviendra de suite que ce sont les mêmes manifestations sportives qui, en créant l'engouement rapidement d'un sport, lation et la concurrence, ont fait une industrie colossale.

Nous estimons même que déjà l'aviation a franchi les limites du sport pour s'industrialiser : n'entendons-nous pas, en effet, chaque jour, discuter sur les qualités comparées des aéroplanes des différentes marques et parler d'un *Voisin*, d'un *Farman*, d'un *Blériot*, d'un *Antoinette*, tout comme d'une *La Buire*, une *Peugeot*, une *Lorraine-Diétrich* ou une *Pic-Pic* ?

Ce que l'on sait au moins encore, c'est que, outre les ateliers de construction d'aéroplanes, il existe des ateliers pour la fabrication des pièces détachées pour l'aviation et certaines mêmes de ces pièces ont donné naissance à des spécialités : il en est ainsi des *hélices aériennes*, dont la construction a provoqué la fondation de manufactures spéciales.

En moins de deux ans, l'industrie de l'aviation s'est organisée et a atteint dans certaines parties bien près de la perfection : les hélices, par exemple, dont nous venons de parler, sont devenues, grâce à l'habileté de nos constructeurs, de véritables chefs-d'œuvre de précision.

Oui, il existe *une industrie de l'aviation* et cette industrie est *essentiellement française*.

Françaises, les vingt marques de moteurs qui se disputent le domaine aérien ; français les ateliers de construction pour l'aviation ; française et bien française enfin la hardiesse qui a osé créer, organiser, développer, fonder d'autorité une industrie là où la plupart ne voyaient encore qu'une idée... certains même une utopie.

Actuellement, on ne compte pas moins de deux cents aéroplanes en construction dans les principaux ateliers, sans compter les nombreuses machines volantes construites par des particuliers : ce sont chez les frères Voisin, par exemple, des biplans en série de dix et même de vingt, aux ateliers Astra les biplans Wright par séries de vingt ; les ateliers Blériot enregistrent la commande de leur 43e appareil à livrer avant décembre, tandis que dans l'Est même, *aux Ateliers vosgiens*, on sort déjà plusieurs appareils par mois.

De la même façon que, grâce aux Deutsch de la Meurthe, aux Surcouf, aux Lebaudy, aux Juchmès, aux Kapférer, nous avons une industrie des ballons dirigeables, nous possédons aussi, grâce aux chercheurs du « plus lourd que l'air », dont les noms retentissent en ce moment dans toute la presse, une industrie de l'aviation.

Cette industrie naquit française, comme sa sœur aînée, l'automobile. C'est à nous de savoir conserver l'avance considérable que nous avons acquise sur les autres nations et c'est plus que jamais le moment de prendre pour devise « EXCELSIOR. »

A.-Charles ROUX,
Ingénieur civil,
Fondateur des Ateliers Vosgiens de Construction pour la locomotion aérienne

Les Ateliers Vosgiens

de Construction pour la Locomotion Aérienne

L'aviation qui, hier encore, n'était qu'un sport, est devenue tout à coup une véritable industrie à laquelle les plus autorisés prédisent un avenir au moins égal à celui de l'automobile. Il ne faut donc pas s'étonner de voir s'installer en pleines Vosges, c'est-à-dire au centre d'une des régions les plus industrielles de France, une véritable Usine pour la construction des machines volantes et surtout des pièces détachées pour les appareils aériens.

Le Bureau de dessin et l'atelier des modèles

En effet, tant que la nouvelle science restait dans le domaine du tâtonnement et des essais, il ne fallait pas songer à créer de véritables ateliers, presque toujours difficiles à établir sur le terrain même de ces essais, qui duraient parfois des mois, et même des années, sans donner de résultats probants. Aujourd'hui, il n'en est plus de même, il existe des types rationnels et connus d'aéroplanes qui peuvent être, entre les mains d'un bon aviateur, mis au point en quelques jours, parfois même en quelques heures. Il est donc préférable, pour l'installation d'ateliers spéciaux, de placer ceux-ci dans une région propice au point de vue main-d'œuvre et approvisionnements, que de tenir compte uniquement de la facilité d'expérimentation. Toutefois, il est infiniment préférable de disposer d'un terrain d'essais à proximité des ateliers.

Saint-Dié s'est trouvé présenter ces différents avantages ; en effet, en pleines Vosges industrielles, cette petite ville

Construction d'un plan porteur

abonde en main-d'œuvre intelligente et disciplinée. Son industrie forestière y rend facile le recrutement des menuisiers, tandis que, d'autre part, les ouvriers monteurs venus du dehors y séjournent volontiers, en raison des facilités d'existence qu'ils y trouvent.

LES GRANDS CONSTRUCTEURS
FRANÇAIS

LATHAM

RECORDMAN DE L'HEURE EN MONOPLAN

La Société " Antoinette "

Un coin de la salle de montage

Enfin, grâce à l'initiative de M. Eugène Kempf, industriel, président de l'Aéro-Club des Vosges, la ville de Saint-Dié vient d'être dotée d'un aérodrome dont l'aménagement est confié aux Ateliers Vosgiens.

De la sorte, la nouvelle Industrie vosgienne se trouve bénéficier de tous les avantages capables d'assurer sa réussite, sans avoir à supporter les inconvénients que connaissent trop les industriels des grandes villes.

Les Ateliers Vosgiens se sont d'ailleurs, durant ces derniers mois, universellement fait connaître dans le monde des aviateurs, et ont vu affluer, non seulement les commandes de pièces détachées, mais celles d'hélices et d'appareils.

L'aéroplane de M. Scott, construit dans les Ateliers en Juillet, sur les plans de MM. Bueno et Desmanrex, a notamment fait l'admiration de tous les aviateurs et industriels qui ont eu l'occasion de le voir, tandis que les petits biplans et monoplans, sortis ces derniers mois, ont été fort remarqués par le fini de leur construction.

Mais ce sont surtout les hélices étudiées rationnellement par les ingénieurs des Ateliers qui semblent avoir atteint bien près de la perfection. Une

Montage des patins d'un aéroplane

hélice spécialement étudiée par M. A.-Charles Roux sera incessamment essayée sur le dirigeable « Ville de Nancy », de la Compagnie Transaérienne.

La caractéristique essentielle des Ateliers Vosgiens est qu'ils sont outillés, non seulement pour pouvoir fournir aux aviateurs des pièces détachées et des appareils, mais encore pour pouvoir livrer très rapidement aux constructeurs eux-mêmes aussi bien les matériaux nécessaires que des appareils finis et parfaitement construits sur leurs plans.

Les Ateliers Vosgiens sont de véritables ateliers d'Industrie aéronautique, et il semble bien que ce soit la première entreprise de ce genre conçue et réalisée d'une façon réellement pratique, comme nos lecteurs peuvent s'en rendre compte par les illustrations de cet ouvrage.

Le tableau des pièces détachées qui se trouve dans cette étude prouve avec quel soin chaque organe des

Un coin de l'atelier de montage des plans

TABLEAU DES PRINCIPALES PIÈCES DÉTACHÉES ET DES TROIS PRINCIPAUX TYPES D'AÉROPLANES CONSTRUITS DANS LES ATELIERS VOSGIENS

Construction d'un Biplan

appareils d'aviation modernes a été étudié. Depuis la plus petite agrafe jusqu'aux appareils eux-mêmes dans leur ensemble, tout est rationnellement établi et chaque modèle, avant d'être définitivement adopté, a été expérimenté et remanié jusqu'à ce que l'on obtienne à la fois le maximum de robustesse et le minimum de poids.

L'exposition des pièces détachées faite récemment à Nancy par le service commercial des Ateliers, fut une véritable révélation et des visiteurs venus de toutes les régions d'Europe et même d'Amérique n'ont pas caché leur étonnement de voir qu'il existe en France une industrie rationnelle de l'aviation.

La fabrication en séries permet en outre d'établir des prix et quiconque veut actuellement construire un aéroplane peut, en quelques heures, faire le calcul exact du prix de revient de son appareil.

D'autre part, une entente avec la maison Dutheil et Chalmers permet aux Ateliers Vosgiens de livrer à très bon compte des aéroplanes munis de leur moteur prêts à être expérimentés.

Quatre modèles peuvent d'ailleurs être établis avec garantie de vol. Ce sont: 1° Un Monoplan du système français; 2° Un petit Biplan français; 3° Un Biplan américain; 4° Un grand Biplan français à 2 hélices.

Enfin, le rôle des Ateliers Vosgiens étant de construire tout ce qui se rapporte à la locomotion aérienne, M. Charles Roux a établi des types de hangars pour aéroplanes et dirigeables, maisons démontables pour aviateurs, pylônes et rails de lancement, sémaphores, etc., de façon à pouvoir, en très peu de temps, créer de toutes pièces un aérodrome modèle.

Moteur Dutheil et Chalmers 20 HP

Un petit Biplan des Ateliers Vosgiens à son hangar de Nancy
(Cet appareil a été construit pour M. le Prince de Tereschenko)

La création d'Ateliers d'aviation dans l'Est de la France a été d'autant plus favorablement accueillie dans toute la région qu'il a semblé aux habitants de l'Est que l'heureuse initiative de M. A.-Charles Roux était une réponse au formidable mouvement soulevé de l'autre côté du Rhin en faveur de la locomotion aérienne.

Il n'est pas étonnant, en effet, que les populations de l'Est aient à cœur de voir contrebalancer par un effort réel et productif l'activité que déploie sur les rives du lac de Constance le vieux comte général Von Zeppelin.

Or, le véritable moyen pour la France de faire contrepoids à l'essor de l'aérostation dirigeable militaire allemande, était de créer une industrie

LES GRANDS CONSTRUCTEURS
FRANÇAIS

L'aéroplane VOISIN en plein vol à Châlons

Les Frères VOISIN

nationale aéronautique. Or, cette industrie existe désormais en France et à la liste des grands ateliers Astra, Blériot, Voisin, Esnault-Pelterie, Antoinette, vient de s'ajouter le nom des Ateliers Vosgiens de la Société aéronautique de l'Est, dont la marque S A E sera bientôt, nous n'en doutons pas, l'une des plus populaires du monde.

ÉMILE BONNET,

Directeur Commercial de la S. A. E.

Montage d'un planeur

Le planeur tiré par une automobile
s'élève à 25 mètres environ et couvre une distance de 500 mètres

III

Conclusion

☙ ☙ ☙

Nous commencions cette petite étude sur les Ateliers Vosgiens en posant une question : « Existe-t-il une Industrie de l'Aviation ? » Les illustrations de cette plaquette suffisent seules à répondre que cette Industrie existe ; nous ajouterons qu'elle est essentiellement Française. Et c'est à tel point que même lorsque quelques appareils ne faisaient encore que des vols imparfaits, c'est en France, c'est à l'Industrie Française que les frères Wright sont venus demander d'exploiter leur invention.

Or, puisque nous avons sur toutes les nations du monde une avance considérable, c'est à nous de lutter sans merci pour garder l'Empire des airs que nous venons de conquérir.

Pour cela, il faut que partout où un effort est tenté en faveur de la locomotion aérienne, le public réponde à l'appel qui lui est fait. Qu'il s'agisse de fêtes à organiser, d'inventeurs à soutenir, de sociétés à fonder, chacun doit songer qu'en aidant les uns ou les autres il contribue pour sa part, utilement, à la grandeur de la France.

A.-Charles ROUX.

Vedette aérienne en plein vol
(Appareil construit dans les Ateliers Vosgiens)

LES GRANDS CONSTRUCTEURS
FRANÇAIS

Essais de l'aéroplane du Prince de Tereschenko
Construit par la S. A. E.

LES ATELIERS VOSGIENS
de la Société Aéronautique de l'Est

LES GRANDS CONSTRUCTEURS
FRANÇAIS

ESNAULT-PELTERIE
FARMAN
Louis BLÉRIOT

JUILLET 1909

ÉTUDE DOCUMENTAIRE

SUR LA CONSTITUTION D'UNE

SOCIÉTÉ DE GRANDS HOTELS

DANS LES VOSGES

PAR

A.-CHARLES ROUX

INGÉNIEUR-CONSEIL

St DIÉ
des Vosges

Magnifiques
PROMENADES
Centre
D'EXCURSIONS

Reproduction de l'Affiche en couleurs
du Comité des Promenades de Saint-Dié
Cliché A. Weick

- - - SUPPLÉMENT AUX - - -

« ÉTUDES SCIENTIFIQUES, INDUSTRIEL-

LES & PITTORESQUES » PUBLIÉES PAR

A.-CHARLES ROUX, INGÉNIEUR-CONSEIL,

62, RUE DE PROVENCE, PARIS. - - -

Imprimerie CUNY, Saint-Dié-des-Vosges

I

L'Industrie Hôtelière en France

Depuis quelques années, l'Industrie Hôtelière si développée en *Angleterre*, en *Allemagne* et surtout en *Suisse*, a pris une extension considérable en *France*. Il n'est pas jusqu'aux plus petits propriétaires d'Hôtels qui n'aient tenu à secouer leur torpeur et à grouper, au prix parfois des plus gros sacrifices, toutes les ressources que mettent à leur disposition l'*Art* et l'*Industrie* modernes.

Ce mouvement, dû en grande partie à l'intelligente et efficace initiative du *Touring-Club de France*, a été tel que les plus vieilles hôtelleries se sont, comme par enchantement, aménagées en Hôtels modernes, tandis que les vieux meubles désuets et malsains cédaient leur place au style nouveau dont on a fait une si heureuse application dans les meubles spécialement destinés à l'Industrie Hôtelière.

Il est vrai de dire aussi que la multiplication et la perfection des moyens de transports modernes ont mis les voyages à la portée de tous, et il n'est pas jusqu'au plus modeste employé qui ne profite de ses vacances pour villégiaturer. D'autre part, le désir de bien-être qui anime la plupart des populations modernes les a faites plus dépensières.

Enfin, et plus que tout le reste, l'Automobile a rendu nomades les hommes fortunés du XXe siècle, et je sais mainte demeure seigneuriale dont, tout le long de l'an, les fenêtres restent closes parce que les maîtres du domaine vagabondent à travers le monde, emportés par les soixante HP de leur luxueuse limousine.

Et c'est ainsi que « les Vieilles hostelleries » où s'arrêtait la diligence ont fait place aux « splendid palaces » et aux « modern Hotels », que l'on trouve désormais jusqu'au sommet des monts réputés naguère inaccessibles.

Car c'est en effet dans les montagnes, la Suisse nous en est un exemple, que se sont groupées les plus importantes exploitations hôtelières. C'est que, lassés de vivre la vie intense et affolante des villes, anxieux d'échapper à la fièvre des affaires ou des plaisirs, fatigués des villégiatures balnéaires qui ne les isolaient pas suffisamment, tous ceux, commerçants, industriels, financiers, artistes, manieurs d'hommes et brasseurs d'affaires, dont le cerveau surmené aspire au calme et à la solitude, se sont dirigés vers les seules régions où la nature soit restée maîtresse devant la Civilisation parfois dévastatrice : *Vers les Montagnes*.

II

L'Industrie Hôtelière dans les Vosges

L'Industrie Hôtelière ne pouvait faire autrement que de prendre une très grande extension dans *les Vosges* et des villes entières sont nées de son extension. Gérardmer en est un exemple : le petit village d'autrefois devient, en effet, chaque année, pendant la saison, une véritable ville et les vastes hôtels, aussi bien que les pittoresques chalets, sont insuffisants à contenir le flot des touristes dont un grand nombre doivent se disséminer dans les villages voisins. D'autre part, les villes d'eaux, telles que Contrexéville, Vittel, Martigny, Bourbonne, Plombières, attirent la nombreuse clientèle de ceux qui viennent demander à leurs eaux bienfaisantes de rétablir l'équilibre de leur organisme affaibli.

Cependant, après avoir passé quelques jours dans ces jolies cités dont les rigueurs de la cure n'excluent pas les plaisirs des grandes stations estivales, le vrai touriste jette un regard vers la ligne bleue des Vosges et le désir naît en lui de goûter quelque temps le véritable repos de la vraie montagne. Il se dirige alors vers les hautes Vosges avec la hâte d'aspirer à pleins poumons l'air pur et vierge des Hautes Chaumes que seules viennent parfumer les salubres senteurs des sapins. Parvenu aux sommets, but de son voyage, le charme de ces régions est alors tel que son regard ne peut se lasser de contempler l'inoubliable panorama qui se déroule devant ses yeux. Il s'enquiert alors d'un gîte, désireux de ne pas interrompre la douce griserie qui s'empare de tout son être.

C'est ce qui explique la prospérité toujours grandissante de tous les Hôtels d'altitude que l'on trouve jusque sur les plus hauts sommets des Vosges et qui tous constituent d'excellentes entreprises, procurant un revenu considérable à ceux qui ont eu l'heureuse idée d'entreprendre l'exploitation rationnelle.

<h1 style="text-align:center">III</h1>

La Société des Grands Hôtels des Vosges

C'est à la suite de ces constatations et aussi d'une longue série d'études et d'observations faites sur place qu'un groupe d'initiative, dont certains membres étudient la question depuis plus de dix ans, a décidé la fondation d'une Société puissante qui réunira en une seule entreprise les éléments épars de plusieurs affaires existantes et prospères, pour y joindre les éléments nouveaux et rémunérateurs d'une nouvelle organisation.

Les fondateurs de la Société des Grands Hôtels des Vosges ont en effet remarqué que de plus en plus, grâce surtout à l'automobile, les touristes de l'Est s'acheminent vers Saint-Dié-des-Vosges, d'où ils rayonnent ensuite vers Fraize et Clefcy, et vers les hauteurs voisines de la Schlucht, du Hohneck, et surtout vers la Combe du Valtin et vers le Rudlin.

Le Valtin et le Rudlin forment en effet l'un des plus merveilleux paysages qu'il soit donné à l'œil humain de contempler : il semble que la nature se soit obstinée à créer là une sorte de petit Paradis terrestre où nous puissions aller lui demander l'oubli et le repos après la fièvre des longs mois de labeur et d'activité cérébrale que nous fait vivre chaque année notre civilisation moderne.

Isolée du reste du monde par les montagnes, aux flancs peuplés de sapins géants, qui l'entourent, la vallée du Rudlin et du Valtin est une sorte de plage aérienne aux prés émaillés, tour à tour de jonquilles et de pâquerettes, parmi lesquelles murmurent cent ruisselets descendus des cimes voisines en bondissant de roches en roches, à travers les pins centenaires. Afin de rendre possible aux touristes le séjour prolongé de cette délicieuse cure d'air dont ils ne pouvaient jusqu'ici, que profiter en passant, faute de gîte pour y demeurer, la Société des Grands Hôtels des Vosges édifiera un vaste Hôtel Moderne qui, situé à mi-côte en lisière de la forêt, dominera la vallée tout entière.

A cet Hôtel sera joint un établissement modèle d'hydrothérapie où l'eau fraîche descendue des cascades du Rudlin complétera l'œuvre de la cure d'air avec l'aide de la mécanothérapie.

En outre, afin de ne pas laisser le touriste trop isolé dans la montagne et de lui permettre de varier les plaisirs de son séjour estival, la Société reliera ses divers établissements par un service de limousines automobiles, grâce auquel ses clients pourront se rendre rapidement de Saint-Dié à Fraize et au Rudlin et même à Gérardmer, qui sera relié par un service spécial avec les Hôtels de la Société. Pour la même raison, la Société édifiera entre Fraize et le Rudlin un charmant petit hôtel forestier dans la si pittoresque Vallée de Straiture, où les automobiles pourront se ravitailler d'essence pendant que leurs voyageurs se restaureront à l'abri des grands pins sur les bords verdoyants de la petite Meurthe.

Enfin une ferme restera annexée à l'Hôtel du Rudlin où chaque jour les mamans pourront mener goûter leurs enfants et où les estomacs fatigués iront demander la santé aux bonnes vaches laitières des

Vosges. Cette ferme alimentera en outre de lait, de fromages et d'œufs tous les établissements de la Société.

Ainsi organisée, la Société des Grands Hôtels des Vosges recevra dès la première année un grand nombre de Clients et il n'est pas douteux que devant le triple appel du paysage, du confortable et de la cure, ceux-ci ne reviennent ensuite si nombreux que les premiers établissements seront insuffisants pour les contenir.

IV

Le Service des Transports

On a vu qu'un service de limousines automobiles relierait entre eux les Hôtels. C'est là un des sûrs éléments de succès de la Société. En effet, le premier soin pour amener des visiteurs sur un point quelconque est de le desservir par des moyens de transports. Combien de sites merveilleux, combien de séjours rêvés, restent en effet inutilisables faute de pouvoir y accéder. C'est pour cette raison qu'en Suisse, où l'Industrie Hôtelière a une activité si intense, on a construit partout des chemins de fer, des tramways ou des funiculaires, de façon à séduire le voyageur par la facilité du transport et à l'amener dans des endroits jusque là réputés inaccessibles.

Par une heureuse chance, les établissements de la Société des Grands Hôtels des Vosges, bien que situés en pleines Vosges, se trouvent, grâce à la progression rationnelle des pentes, avoir la facilité d'être desservis par des automobiles. Il est en effet à remarquer que malgré l'altitude du Rudlin et du Valtin (plus de 700 mètres), les routes qui y accèdent suivent une pente normale qui dépasse rarement 8 %. De nombreux habitants de la région font fréquemment le trajet à belle allure avec des voiturettes de 6 et 7 HP. On pourra donc, sans risquer d'être en butte à des difficultés graves, utiliser les automobiles pour le transport des voyageurs d'un hôtel à l'autre.

Ce moyen aura en outre le grand avantage de mettre en communication directe Saint-Dié et Gérardmer en desservant les hôtels de la Société et de permettre aux touristes de ces deux villes de se rendre avec facilité de l'une à l'autre, tout en visitant les Hautes Vosges.

En un mot la Société des Grands Hôtels des Vosges s'inspirant du principe que *l'organe crée la fonction*, commence par établir le moyen de transport, bien certaine que les éléments à transporter ne tarderont pas à abonder.

L'établissement de ce service semble d'autant plus intéressant que les heureuses modifications qui seront incessamment apportées par la Compagnie de l'Est sur les lignes de Saint-Dié, vont être le point de départ d'une nouvelle affluence de visiteurs dans les Vosges, car non seulement les touristes français, mais encore les milliers d'Alsaciens qui, chaque année, villégiaturent en montagne, au lieu de se diriger vers la Suisse, orienteront désormais leurs pas vers nos Vosges si pittoresques où ils seront sûrs de trouver le même confort.

Les voitures qui feront le service seront de belles limousines, sorte de quadruples phaétons luxueux et confortables montés sur des chassis de 20 à 30 HP. Elles sont à la fois pratiques et élégantes et pourront transporter 16 personnes.

Nous ne tablerons pas, au cours de cette étude, sur le bénéfice pourtant appréciable du service de transports automobiles, tous ceux-ci seront en effet payés en amortissement du matériel à chaque inventaire.

V

Le Grand Hôtel de Saint-Dié

Le Grand Hôtel de Saint-Dié, que M. Jacot, son propriétaire actuel, apporte à la Société, est un magnifique établissement qui pourrait hardiment figurer parmi les premiers hôtels de nos grandes villes. C'est une vaste demeure qui fut construite au temps où l'on ne lésinait pas sur la hauteur des plafonds et la grandeur des pièces et où l'on a peu à peu ajouté tous les éléments du confort moderne. Son immense salle de restaurant est claire et riante, avec ses murs aux coloris clairs, tandis que le salon est toujours baigné d'une jolie lumière tombant d'un plafond vitré. Le grand café de l'Hôtel est également fort clair et bien aménagé, et la magnifique grille d'entrée flanquée de deux lanterneaux de fer forgé qui ferme le soir l'entrée du Vestibule central, donnent à tout l'édifice un imposant caractère d'antique demeure seigneuriale.

Le Grand Hôtel de la Poste fut dès longtemps célèbre dans tout l'est de la France. Ses anciens propriétaires eurent en effet naguère l'entreprise du courrier et des malles-postes avant que fut créée la ligne actuelle de chemin de fer. Les vieux du pays content volontiers qu'autrefois c'était fête lorsque la diligence arrivait de Lunéville ou d'Alsace au milieu des cris et des claquements de fouets des postillons et des hennissements de ses superbes chevaux, impatients de piétiner la litière abondante de l'écurie. C'est de là d'ailleurs que vient la dénomination d'Hôtel de la Poste. Aujourd'hui les remises et les écuries sont remplacées par un garage d'automobiles. Cet hôtel fut presque toujours une entreprise prospère, et il est l'origine de plusieurs grandes fortunes régionales. Il contient une quarantaine de belles et vastes chambres qui sont occupées presque chaque jour, hiver comme été. En outre des touristes, il reçoit une clientèle fidèle de voyageurs, gros courtiers pour la plupart, qui viennent chaque année plusieurs fois, souvent même tous les mois, visiter les nombreux industriels, tisseurs et filateurs de la région.

C'est en outre à l'Hôtel de la Poste que descendent tous les Officiers supérieurs et tous les hauts fonctionnaires qui viennent très souvent en mission à Saint-Dié.

En un mot, c'est le *Grand Hôtel* dans toute l'acception du mot. Desservi par le chauffage central, il est également confortable en hiver et en été, et les touristes y sont parfois aussi nombreux en Janvier et Février qu'en Juillet et Août.

Il est l'Hôtel recommandé du *Touring Club de France*, de l'*Automobile Club* et du *Club Alpin*. L'Hôtel de Saint-Dié travaille toute l'année et donne des bénéfices même en hiver. Son rendement en hiver ira d'ailleurs en augmentant, car chaque année les sports d'hiver amènent de nouveaux touristes à des époques où autrefois on ne faisait aucune recette.

VI

Le Grand Hôtel de Fraize

Le Grand Hôtel de Fraize est un superbe bâtiment de style qui a été construit il y a quelques années. D'un luxe et d'un confort qui étonnent, au milieu d'une simple bourgade, il est l'un des séjours les plus agréables des Vosges.

Construit entièrement en pierre de taille, aménagé avec luxe, il a coûté à ses premiers propriétaires près de 200.000 francs. Il sera d'une très grande utilité à la nouvelle Société. En effet, grâce au service de transports automobiles, il pourra recevoir le trop plein des hôtels du Rudlin et de Saint-Dié. En outre, placé en pleine région d'excursions, il plaît aux touristes par sa situation qui leur permet de regagner chaque soir une installation confortable après avoir pu visiter les sites les plus éloignés des Hautes-Vosges.

Une très intéressante entreprise de louage est annexée à cet hôtel. Cependant, comme pour le service de transports automobiles, nous ne ferons pas état de ses bénéfices qui peuvent être estimés à plusieurs milliers de francs par an et qui serviront à des amortissements.

En même temps que l'Hôtel, la Société achète de vastes terrains qui lui sont contigus et qui, traversés par un joli ruisseau, permettront la création d'un parc superbe.

L'Hôtel de Fraize est situé en face la gare. Comme l'Hôtel de Saint-Dié il a l'avantage de travailler toute l'année.

VII

L'Hôtel forestier de Straiture

Les fondateurs de la Société des Grands Hôtels des Vosges ont pensé, avec juste raison, qu'il ne serait pas inutile de construire un petit hôtel forestier au milieu des gorges sauvages de la vallée de Straiture, à mi-chemin de la route de Fraize au Rudlin, et à mi-chemin également de Saint-Dié à Gérardmer.

Cet hôtel, sorte de pavillon de chasse, comprendra une grande salle de restaurant au rez-de-chaussée, une dizaine de chambres à l'étage. Placé au milieu d'une prairie, dans une échancrure de la forêt, au fond de la vallée, il servira d'arrêt aux voitures automobiles qui pourront s'y ravitailler.

En été, tous les touristes et automobilistes allant à Gérardmer ou en venant s'y arrêteront certainement, tandis qu'en hiver le roulage étant abondant dans cette région, le gérant pourra récupérer ses frais généraux en servant des repas aux rouliers, une salle spéciale sera annexée à cet effet à la salle à manger.

L'hôtel forestier de Straiture sera le séjour parfaitement approprié pour les cures d'air en forêt.

VIII

Le Grand Hôtel de Montagne Rudlin-Valtin

Le Grand Hôtel de Montagne Rudlin-Valtin sera un splendide bâtiment de 42 mètres sur 12. Construit sur des plans nouveaux, dans le genre de ceux des Hôtels suisses qui font l'admiration des touristes de tous les pays.

Chaque étage sera entouré *d'une galerie couverte* où les touristes pourront, comme dans les sanatoria, se reposer à l'abri du soleil et de la pluie, tout en profitant de l'air pur de l'extérieur. Au rez-de-chaussée, une immense salle à manger permettra de servir près de 200 couverts. Un fumoir et un salon sépareront le restaurant des salles de sports à la suite desquelles s'ouvriront celles de mécanothérapie et d'hydrothérapie. L'étude de ces dernières installations a été minutieusement faite par M. le Docteur Durand, de Fraize, qui estime avec juste raison qu'un traitement sportif et un régime sont nécessaires au rétablissement des personnes déprimées chez qui la vivacité de l'air des Vosges pourrait produire de trop brusques réactions, faute d'une réglementation de leur cure d'air.

Bien que devant être fermé en hiver, l'Hôtel du Rudlin-Valtin sera muni d'un chauffage central afin de pouvoir ouvrir à l'époque des sports d'hiver qui ont, en effet, de plus en plus de succès chaque année dans les Vosges.

Grâce à une chute d'eau voisine, dont la Société s'est assuré l'usage, cet hôtel pourra être éclairé, à peu de frais, à l'électricité. Le ruisseau qui traverse le terrain où sera édifié l'Hôtel, sera légèrement détourné de son cours afin de créer un étang dans la partie basse du terrain.

L'Hôtel comprendra, dès le début, cinquante chambres.

IX

Plan financier d'Exploitation
de la Société des Grands Hôtels des Vosges

En tablant sur les rendements actuels et sur ceux d'autres industries hôtelières analogues, on peut estimer que le rendement des différents établissements s'établira comme suit :

Hôtel de la Poste — Saint-Dié

Recettes des chambres.	20.000
Restaurant, Noces et Banquets.	60.000
Recettes du Café .	30.000
Total.	110.000

Le bénéfice brut le plus réduit donne :

Chambres, 80 % sur 20.000 francs	16.000
Restaurant, 25 % sur 60.000 francs	15.000
Café, 50 % sur 30.000 francs.	15.000
Total.	46.000

Les frais généraux sont les suivants :

Loyer *(Il sera réduit dans 2 ans à 11.500)* .	12.500
Patentes, licences, impôts .	1.300
Chauffage central .	900
Eclairage électrique	2.400
Eau et concession.	240
Assurances	355
Publicité et journaux	575
Cheval, frais nourriture, etc.	800
Entretien de deux omnibus.	300
Blanchissage	1.000
Employés.	2.830
Gérance	4.800 Total 28.000
Bénéfice net.	18.000

Hôtel de Fraize

Recettes des chambres.	10.000
Recettes Restaurant	24.000
Recettes du Café	16.000
Total.	50.000

Le bénéfice brut peut être établi sur les mêmes bases que pour Saint-Dié en tenant compte toutefois d'une moins-value de 5 % pour le Restaurant et de 5 % pour le Café, soit :

Chambres, 80 % sur 10.000 francs	8.000
Restaurant, 20 % sur 24.000 francs	4.800
Café, 45 % sur 16.000 francs.	7.200
Total.	20.000

Frais généraux à déduire :

Loyer.	5.000
Patentes, licence	800
A reporter	5.800

Report . . .	5.800	
Eclairage	1.000	
Eau	100	
Assurances	275	
Journaux	125	
Blanchissage	800	
Employés	2.500	
Gérant	2.400	
	13.000	Total 13.000
Bénéfice net		7.000

Petit Hôtel Forestier de Straiture

Recettes des chambres	5.000 francs à 80 %	4.000
Recettes Restaurant	10.000 francs à 20 %	2.000
Recettes Café	15.000 francs à 50 %	7.500
Total	30.000 Total	13.500

Frais généraux à déduire :

Loyer	2.000
Patentes, licence	150
Eclairage	600
Assurances	100
Publicité	200
Journaux	50
Blanchissage	300
Employés	1.400
Gérant	1.200
	6.000 Total 6.000
Bénéfice net	7.500

Grand Hôtel — Rudlin-Valtin

Recettes chambres	15.000
Restaurant	40.000
Limonade	5.000
Total	60.000

Les chiffres de pourcentage de bénéfice brut sont les mêmes que ceux de Saint-Dié.

Chambres, 80 % sur 15.000 francs	12.000
Restaurant, 25 % sur 40.000 francs	10.000
Limonade, 50 % sur 5.000 francs	2.500
Total	24.500

Frais généraux :

Loyer	5.000
Patentes, licence	300
Eclairage	700
Assurances	200
Publicité	200
Journaux	50
Blanchissage	350
Employés	1.500
Gérant	1.200
	9.500 Total 9.500
Bénéfice net	15.000

Récapitulation

Hôtel de la Poste. Affaires 110.000 francs. — Bénéfice net. 18.000
Hôtel de Fraize. Affaires 50.000 francs. — 7.000
Hôtel de Straiture. Affaires 30.000 francs. — 7.500
Hôtel du Rudlin. Affaires 60.000 francs. — 15.000

Total. 47.500

De cette somme de 47.500 francs, il faut déduire 12.500 francs pour l'administration de la Société et la publicité générale.

Le bénéfice net est donc de 35.000 francs.

Répartition

Sur la somme de 35.000 francs de bénéfices nets, nous devons retrancher 5 °/₀ pour la réserve légale, soit 35.000 à 5 °/₀ = 1.750 francs 1.750

Et la somme nécessaire à distribuer aux actions un premier dividende de 5 °/₀.

Le capital actions étant de 350.000 francs, nous obtenons 350.000 francs à 5 °/₀ . . 17.500

Total. 19.250

Il reste donc un solde de 15.750 à partager :

10 °/₀ au Conseil d'administration 1.575
40 °/₀ au fonds de réserve spécial et aux parts de fondateurs 6.300
50 °/₀ aux actionnaires à titre de dividende supplémentaire 7.875

Total. 15.750

Les actions rapporteront donc un premier intérêt de 5 °/₀, plus 7.875 à répartir entre 350.000 francs, soit . . . . 2.25 °/₀

Soit un dividende total de. . . . . . . 7.25 °/₀

X

Conclusion

Il est à remarquer que dans les chiffres qui précèdent, nous avons compté le loyer de chaque établissement comme si la Société ne devait pas être propriétaire de ses immeubles. Or, ce loyer chiffre pour 12.500+5.000+2.000+5.000, soit en tout 24.500 francs.

La Société devant être dès l'abord propriétaire de ses immeubles de Fraize, de Straiture et du Rudlin, le seul loyer de Saint-Dié subsistera. La Société aura donc intérêt, dans un avenir prochain, à émettre des obligations à 4 ou 4 ½ %, afin de devenir également propriétaire de l'Hôtel de Saint-Dié. Elle se trouvera de la sorte disposer d'un revenu annuel supplémentaire de 24.500 qui lui servira non seulement au paiement de l'intérêt, mais encore au remboursement de ces obligations.

L'action des Grands Hôtels des Vosges sera donc une valeur des plus intéressantes dont le revenu dépassera certainement 5 %. Elle s'indique nettement comme un placement de premier ordre, notamment pour les personnes ayant déjà des intérêts dans la région vosgienne.

A.-CHARLES ROUX,
Ingénieur-Conseil.

NOTA. — Pour toutes demandes de renseignements écrire à M. A.-Charles ROUX, Ingénieur-Conseil de la Société des Grands Hôtels des Vosges, Hôtel de la Poste, à Saint-Dié-Vosges.

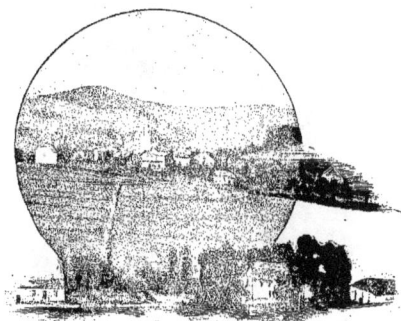

Cliché Ad. Weick, St-Dié

Le village du Wisembach

www.ingramcontent.com/pod-product-compliance
Lightning Source LLC
Chambersburg PA
CBHW070757220326
41520CB00053B/4520